【新编应急科普知识系列丛书】

新编
消防安全知识
普及读本

王英 主编

中国言实出版社

图书在版编目（CIP）数据

新编消防安全知识普及读本 / 王英主编 . -- 北京：中国言实出版社，2020.7

ISBN 978-7-5171-3490-9

Ⅰ . ① 新… Ⅱ . ① 王… Ⅲ . ① 消防－安全教育－普及读物 Ⅳ . ① TU998.1-49

中国版本图书馆 CIP 数据核字（2020）第 103537 号

责任编辑 王建玲
责任校对 崔文婷

出版发行 中国言实出版社
　　　　　地　址：北京市朝阳区北苑路 180 号加利大厦 5 号楼 105 室
　　　　　邮　编：100101
　　　　　编辑部：北京市海淀区花园路 6 号院 B 座 6 层
　　　　　邮　编：100088
　　　　　电　话：64924853（总编室）　 64924716（发行部）
　　　　　网　址：www.zgyscbs.cn
　　　　　E-mail：zgyscbs@263.net
经　销 新华书店
印　刷 凯德印刷（天津）有限公司
版　次 2020 年 8 月第 1 版　 2020 年 8 月第 1 次印刷
规　格 787 毫米 × 1092 毫米　 1/16　 6 印张
字　数 70 千字
定　价 39.80 元　 ISBN 978-7-5171-3490-9

前言

　　消防，与每个人息息相关，生活中无处不在，时时会出现在我们身边，所以，学点消防知识，懂点火灾逃生技能，对每个人来说，都是对生命的呵护。《新编消防安全知识普及读本》的出版，也是基于这种美好的愿望。

　　本着理论与实践相结合的原则，读本力求实用，有针对性。读本从认识消防基础知识入手，让读者对消防的含义、历史传承、消防救援队伍的组成有所了解，进而了解家庭、学校、公共场所等的火灾隐患，从而掌握如何有效防范和消除这些火灾隐患及在关键时刻如何逃生自救等相关常识。

　　随着时代的发展，消防科普知识也要与时俱进。编写过程中，编写组一方面对那些陈旧无用的知识予以剔除，一方面针对近年来的消防新知识、新问题，予以梳理补充，加入了适应现代生活的新内容，增强了实用性。相比现有读本，内容上有所突破。

　　读本的编写和出版，得益于吴学政、宋文琦、周杨东、黄建华、牛振洲等编写组同仁们的辛苦努力，更得益于范强强、初日春等业内专家的细心指导。在此，还要特别感谢南京邮电大学保卫处，他们提供了全书的漫画，为读本生色良多。

　　书中如有不足之处，敬请广大读者批评指正，以便对内容进行及时完善，更好地服务于消防宣传。

本书编写组

2020 年 8 月

目录

消防基础知识篇

火灾隐患及预防篇

疏散逃生篇

火灾扑救与火场急救篇

消防基础知识篇

第一章　认识火与火灾

第一节　认识火

一、火的定义

火是物质燃烧过程中散发出的光和热的现象，是能量释放的一种方式。

二、火产生的要素

（1）可燃物。凡是能与空气中的氧或其他氧化剂起燃烧化学反应的物质都称可燃物。

（2）助燃物。能帮助和支持可燃物燃烧的物质。

（3）引火源。使物质开始燃烧的外部热源。

三、什么是燃点

可燃物着火燃烧的最低温度就叫燃点，也叫着火点。

第二节　认识火灾

一、火灾的定义

火灾指在时间或空间上失去控制的燃烧。是一种造成国家、集体和个人财产损失，以及危及生命安全的失火灾害。

二、火灾的分类

（1）按照燃烧对象的类型和燃烧特性，可分为 A、B、C、D、E、F6 类。

A 类火灾：固体物质火灾。这种物质通常具有有机物性质，一般在燃烧时能产生灼热的余烬。例如：木材、棉、毛、麻、纸张等引发的火灾。

B 类火灾：液体或可熔化固体物质火灾。例如：汽油、煤油、原油、甲醇、乙醇、沥青、石蜡等引发的火灾。

C 类火灾：气体火灾。例如：煤气、天然气、甲烷、乙烷、氢气、乙炔等引发的火灾。

D 类火灾：金属火灾。例如：钾、钠、镁、钛、锆、锂等引发的火灾。

E 类火灾：带电火灾。物体带电燃烧的火灾。例如：变压器等引发的火灾。

F 类火灾：烹饪器具内的烹饪物（如动物油脂或植物油脂）引发的火灾。

（2）按照火灾事故所造成的危害严重程度，可分为特别重大火灾、重大火灾、较大火灾和一般火灾 4 个等级。

特别重大火灾：造成 30 人以上死亡，或者 100 人以上重伤，或者 1 亿元以上直接财产损失的火灾。

重大火灾：造成 10 人以上 30 人以下死亡，或者 50 人以上 100 人以下重伤，或者 5000 万元以上 1 亿元以下直接财产损失的火灾。

较大火灾：造成 3 人以上 10 人以下死亡，或者 10 人以上 50 人以下重伤，或者 1000 万元以上 5000 万元以下直接财产损失的火灾。

一般火灾：造成 3 人以下死亡，或者 10 人以下重伤，或者 1000 万元以下直接财产损失的火灾。

三、火灾的发展

火灾的发展分 4 个阶段：初起阶段、发展阶段、猛烈燃烧阶段、下降熄灭阶段。

1. 初起阶段

燃烧范围不大，仅限于起火点附近，火势蔓延速度较慢，在蔓延过程中火势不稳定，建筑物本身尚未燃烧。

2. 发展阶段

● 随着燃烧时间的延长，温度升高。

● 周围的可燃物或建筑物构件迅速加热，气体对流增强，燃烧速度加快，燃烧范围迅速扩大。

3. 猛烈燃烧阶段

● 房间内所有可燃物都在猛烈燃烧，温度迅速升高，持续性高温。

● 火灾高温烟气从房间开口大量喷出。

● 火灾蔓延到建筑物其他部分。

4. 下降熄灭阶段

● 猛烈燃烧后期，可燃物数量不断减少。

● 燃烧速度递减，温度逐步下降，火灾熄灭。

四、火灾的危害

1. 危害生命安全

● 火灾一旦发生，对人身安全的威胁极大。

● 火灾导致的高温、缺氧、烟尘、有毒气体等都会给人体带来伤害，甚至致人休克、死亡。

2. 造成经济损失

据统计，2019 年全年共接报火灾 23.3 万起，亡 1335 人，伤 837 人，直接财产损失 36.12 亿元。

3. 影响社会稳定

当重要的公共建筑、重要的单位发生火灾时，会在很大范围内引起关注，并且造成一定程度的负面效应，影响社会稳定。

火灾事故的认定及责任追究会受到广泛关注，造成很大的社会反响。

4. 破坏文明成果

历史建筑、文化遗址发生火灾，会造成人员伤亡和财产损失。

大量文物、典籍、古建筑等稀世珍宝面临被烧毁的威胁，这将给人类文明成果造成无法挽回的损失。

5. 破坏生态环境

森林火灾的发生，会使大量的动物和植物灭绝，环境恶化，导致生态平衡被破坏。

第二章 认识消防

第一节 消防发展概述

一、中国古代消防

在中国，消防有2000多年的历史，而且在很早以前，人们的消防意识就已经很强了。

● 据传说，我国早在黄帝时就设了专门管理用火安全的官员，称为"火政"。

● 春秋时期，齐国宰相管仲就已经认识到消防是与国家的贫富密切相关的大事之一，并提出"修火宪"的主张。

● 周朝，专门管理用火安全的官员被称为司煊、司耀。

● 唐朝，出现了我国最早的消防工具——水囊和水袋。

● 宋朝，由精干军士组成军巡铺（也称防隅），这是中国最早意义上的专职消防队。

● 明朝，出现了一种名为唧筒的灭火装置。

● 清朝，出现了一种名为水龙的灭火工具。晚清时期，中国现代消防队制度初步建立。

二、现代意义的消防

1. 消防的概念

消防可以更深层地理解为消除隐患和预防灾难（预防和解决人们在生活、工作、学习过程中遇到的人为与自然、偶然灾害的总称），狭义的消防指灭火与防火。

2. 新中国消防体制沿革

自新中国成立至今，我国的消防体制总共经历了 6 次变革：

● 1949 年，实行职业制时期。全国解放以后，各级公安机关建立了专门的消防机构，成立消防局，各地陆续组建公安消防队。

● 1965 年，实行义务兵役制，服役期限为 5 年。

● 1969 年，进入军队代管时期，服役期改为 3 年。

● 1973 年，公安消防队伍重归公安机关管理。

● 1983 年，公安消防队伍纳入武警序列。

● 2018 年，公安消防队伍纳入应急管理部。

第二节　智慧消防

一、什么是智慧消防

智慧消防是相对于传统消防来说的，是经济社会发展和科技进步的产物。

智慧消防指将消防设施、社会化消防监督管理、灭火及抢险救援应急预案等各种要素，通过物联网信息传感、移动定位技术与数字通信等技术有机连接，实现实时、动态、互动、融合的消防信息采集、传递和处理，全面促进与提高消防监督和管理水平，增强灭火救援的指挥、调度、决策和处置能力。

简单来说，智慧消防就是通过采集、汇总、分析、处理消防各个部分的数据，让消防工作中的每一部分都深度融合、有机联动。

二、智慧消防的功能与作用

1. 实现火灾自动报警

通过在单位的消防安全重点部位及消防设施加贴标签并建立身份标识，智慧消防系统会自动提示各种消防设施及重点部位的检查标准和方法。通过数据传输装置，将社会单位的消防报警控制柜的各类报警信息实时上传到云服务器，一旦发现紧急情况可以及时安排相关人员到现场处理。

实时监测消防用水的水位、水压的状态数据，确保第一时间发现消火栓系统、喷淋系统、水池水箱的异常情况，从而保证消防用水系统的健康运行。一旦收到消防用水的报警信息，系统将会在地图中异常位置显示报警图标，并发出报警声音。智慧消防系统采用通信模式，基于云服务器上传，下发，具有推送数据量大、推送速度快的特性，前端以多种探测器为核心，视频监控为后盾，利用单位自身的监控设施，加装联动模块，革除传统摄像只能调取监控记录的弊端，实现了发生问题自动报警，无须专人24小时盯着画面，科学解决视频监控的难题。

2. 实时监测电气安全

通过在单位配电柜中加入前端感知设备（电气火灾监控探测器、电流传感器、温度传感器以及剩余电流传感器），实时采集电气线路的剩余电流、导线温度和电流参数，及时掌握线路存在的用电安全隐患，并通过系统分析电气设备回路的相关参数，判断故障发生的原因，指导单位开展治理，达到消除潜在电气火灾安全隐患的目的。

三、智慧消防的应用领域

1. 社会领域

居民住宅：主要以无线智能烟感为主。

教育行业：全国高校、中小学校的智能疏散系统。

文旅行业：古建筑的智能防火系统等。

地产行业：主要以消防水压、水位监控的数字消防项目为主。

工业企业：智慧消防措施。

2. 消防队伍

在灭火救援过程中，智慧消防系统可以实现对市政消火栓等灭火剂资源信息进行采集，并通过电子地图展示灭火剂资源的分布情况，既实现了辅助规划建设的目的，又实现了火灾周边可用灭火剂资源查询的目的，同时结合火警智能派发以及实时路径导航功能，最大限度地加快出警时间和出警效率。

当消防队收到火警出警电话后，可以根据报警人提供的火灾地址的模糊关键字进行查询，定位到火灾发生的具体位置，并提供火灾所在地的天气情况，包括温度、风速、风向等信息。此外，自动结合当前的实时路况计算出各灭火救援中队、辖区派出所或周边微型消防站到达火灾现场的最佳路径、具体历程和所需时间，从而实现优先派发、最快到达。智慧消防系统还可以针对种类众多、应对方法不一的各类危化品，给出具有针对性的救援办法，指导作战消防队迅速展开现场灭火救援工作。

第三章　消防员

第一节　消防员与消防队伍

消防员指灭火、防火人员。哪里有火灾，哪里就有他们的身影。按照国家规定，除了在火场灭火，消防员还要承担重大灾害事故和其他以抢救人员生命为主的应急救援工作，比如交通事故救援、地震救灾、意外救险等工作。

全国消防组织形式有四种：专业消防救援队伍、政府专职消防队、企事业单位专职消防队、志愿消防队。

一、专业消防救援队伍

- 由应急管理部消防救援局直接领导，是灭火救援的骨干力量。
- 各省、自治区、直辖市设消防救援总队。
- 各地市设消防救援支队。
- 多数城镇设立消防救援大队和消防救援站。

截至 2019 年年底，全国专业消防队员总计约 20 万人。

二、政府专职消防队

- 政府直接管理，财政拨款。
- 从社会上招聘录用专门从事地方综合救援工作的专业人才。
- 现阶段我国消防力量体系的重要组成部分。

三、企事业单位专职消防队

● 企事业单位根据自身消防安全的需要所成立。

● 经费由建立单位承担。

● 成员多数是单位里的消防岗位人员。

● 在业务上接受当地消防监督部门的指导。

四、志愿消防队

● 由城镇、街道、乡村或其他组织自行组织的群众性消防队。

● 队员大多是自愿加入的。

● 基层单位同火灾作斗争的重要力量。

截至 2018 年年底，全国消防志愿服务组织达 6.3 万个，消防志愿者 896 万名。

第二节　消防员的服装

一、抢险救援服

消防员在建筑倒塌救援、狭窄空间作业及攀登救援时所穿的服装，可为身体提供防护。

二、灭火防护服

● 消防员在灭火时穿着。

● 可以免受高温、蒸汽、热水以及其他危险物品伤害的防护装备。

灭火防护服

三、消防制式常服

● 主要用于日常活动或执行消防宣传、值班勤务等场合。

● 转制改革以后，消防制式常服由橄榄绿变成火焰蓝。

四、防蜂服

● 消防员摘除蜂巢时穿的防护服。

● 具有防叮咬、穿刺等多种防护功能。

五、避火服

主要适用于高温、有火灼伤危险的场合。

六、隔热服

火灾现场防止热辐射时使用。

隔热服

第四章　消防车辆

　　消防车是装备了各种消防器材、消防器具的各类机动车辆的总称，是最基本的移动式消防装备。

第一节　消防车的分类

一、按消防车底盘承载能力分类

● 轻型消防车：底盘承载能力仅为 0.5 ～ 5 吨的消防车。

● 中型消防车：底盘承载能力在 5 ～ 8 吨的消防车。

● 重型消防车：底盘承载能力大于 8 吨的消防车。

二、按消防车功能用途分类

● 灭火消防车：喷射灭火剂扑救火灾的消防车，主要有水罐消防车、泡沫消防车、干粉消防车、二氧化碳消防车等。

● 专勤消防车：担负除灭火之外的某专项消防技术作业的消防车。包括通信指挥消防车、照明消防车、抢险救援消防车、宣传消防车、排烟消防车等。

● 举高消防车：装备举高和灭火装置、可进行登高灭火或消防救援的消防车。包括登高平台消防车、举高喷射消防车、云梯消防车。

除此之外，还有机场消防车、路轨两用消防车、消防摩托车等。

第二节　消防车的用途

消防车是消防队的主要装备，其用途是将灭火指战员及灭火剂、器材装备安全迅速地运到灾害现场，以便抢救人员，扑救火灾。

一、水罐消防车

● 将水运送到火场或从水源地取水直接进行扑救。

● 向其他消防车和灭火喷射装备供水。

● 在缺水地区也可作为供水车。

二、泡沫消防车

● 特别适用于扑救油类火灾。

● 向火场供水和泡沫混合液。

● 石油化工企业、输油码头、机场以及城市专业消防队必备的消防车辆。

三、干粉消防车

● 主要使用干粉扑救可燃和易燃液体火灾、可燃气体火灾、带电设备火灾，也可以扑救一般物质的火灾。

● 对于大型化工管道火灾，扑救效果尤为显著。

● 石油化工企业常备的消防车。

四、云梯消防车

● 车上有伸缩式云梯。

● 带有升降斗转台及灭火装置。

● 供消防人员登高进行灭火和营救被困人员。

● 适用高层建筑火灾的扑救。

五、通信指挥消防车

● 车上设有电台、电话、扩音等通信设备。

● 供火场指挥员指挥灭火、救援和通信联络的专勤消防车。

六、排烟消防车

● 用于火场排烟或强制通风。

● 便于消防员进入着火建筑物内进行灭火和营救工作。

● 适宜扑救地下建筑和仓库等场所火灾。

七、抢险救援消防车

车上装备有消防员特种防护设备、消防破拆工具、火源探测器及其他消防救援器材，是担负抢险救援任务的专勤消防车。

第五章　消防设施、器材

消防设施和器材是提高社会抗御火灾能力的重要保障，对于火灾的扑灭起到重要作用。

第一节　常见的灭火设施、器材

一、灭火器的分类

1. 按充装的灭火剂分
- 干粉型灭火器
- 二氧化碳灭火器
- 水基型灭火器
- 洁净气体灭火器
- 泡沫灭火器

2. 按移动方式分
- 手提式灭火器
- 推车式灭火器

二、主要的灭火设施

1. 消火栓
- 室内消火栓
- 室外消火栓

2. 破拆工具
- 消防斧
- 切割工具

3. 报警系统
- 火灾自动报警系统
- 自动喷水系统
- 防火系统
- 防火分隔系统

第二节　常见的灭火器

一、常见灭火器的分类

我们常见的灭火器一般是手提式 ABC 干粉灭火器和水基型灭火器。

1. ABC 干粉灭火器
- 适用于扑救可燃固体有机物、可燃液体和可燃气体的初起火灾。
- 适用范围广，灭火性价比高，使用年限长。

2. 水基型灭火器
- 以水为灭火剂基料的灭火器。
- 适用于扑救可燃固体或非水溶性液体的初起火灾。

● 优点是绿色环保，不会对周围设备、空间造成污染，而且高效阻燃、灭火速度快、渗透性强。

二、选择正确的灭火器

针对不同类型的火灾，要选择不同种类的灭火器。

● 扑救 A 类火灾（即固体燃烧的火灾）应选用水基型、泡沫、ABC 干粉灭火器。

● 扑救 B 类火灾（即液体火灾和可熔化的固体物质火灾）应选用干粉、泡沫、二氧化碳灭火器（值得注意的是，化学泡沫灭火器不能灭 B 类极性溶性溶剂火灾）。

● 扑救 C 类火灾（即气体燃烧的火灾）应选用干粉、二氧化碳灭火器。

● 扑救 D 类火灾（即金属燃烧的火灾）应选用干粉灭火器。

● 扑救 E 类带电火灾应选用不带金属喇叭筒的二氧化碳灭火器、干粉灭火器。

三、灭火器上的字母和数字的含义

灭火器型号以大写字母和阿拉伯数字标示，如"MFZ2"。

● 第一个字母 M 代表灭火器。

● 第二个字母代表灭火剂类型（F 代表干粉灭火剂、T 代表二氧化碳灭火剂、P 代表泡沫灭火剂、SQ 代表清水灭火剂）。

● 第三个字母是各类灭火器结构特征的代号，分别用 S、T、Z、B 标示。

● 最后的阿拉伯数字代表灭火剂的重量或容积，单位一般为千克或升。

四、灭火器真假的辨识

目前，市场上有不少灭火器是假冒伪劣产品，那么如何分辨呢？

● 看灭火器仪表盘。指示针只有在绿色压力范围内才算合格。

● 看消防合格标签。正面为消防合格标签，背面为出厂合格标签。

● 看3C认证的编码。这个编码从中国消防产品信息网上可以查询到。

● 看钢瓶尾部的生产日期。

根据GB95-2007《灭火器维修与报废规程》报废规定，灭火器从出厂日期算起，达到如下年限的，必须报废：

a）水基型灭火器——6年；

b）干粉灭火器——10年；

c）洁净气体灭火器——10年；

d）二氧化碳灭火器和贮气瓶——12年。

第三节　其他灭火设施

一、消火栓

1. 室内消火栓

室内消火栓包括消火栓和消火栓箱，二者配合使用。

一般设置在建筑物公共部位的墙壁上，有明显标志，箱里面不仅有水龙带，还有消防水枪。

是供单位员工或消防员灭火的重要工具。

2. 室外消火栓

室外消火栓是设置在建筑物外面消防给水管网上的供水设施。

主要供消防车从市政给水管网或室外消防给水管网取水实施灭火。

可以直接连接水带、水枪出水灭火，是扑救火灾的重要消防设施之一。

二、灭火毯

- 采用难燃性纤维织物经特殊工艺处理后制成。
- 耐高温，难燃、遇火不延燃。
- 能够很好地阻止燃烧或隔离热源、火焰。

三、常闭式防火门

除具有普通门的作用外，更具有阻止火势蔓延和烟气扩散的作用。

四、火灾自动探测器

- 当发生火灾时，探测器的火灾指示灯会点亮，并启动蜂鸣器报警。
- 分为感烟、感温、感光三种。
- 常见于超市、宾馆、酒店、影剧院、车场、工厂等地点。
- 不可安装于高温、高湿的地方，否则会影响灵敏度。

火灾隐患及预防篇

第一章 认识火灾隐患

一、火灾隐患的定义

火灾隐患指可能导致火灾发生或火灾危害增大的各类潜在不安全因素。

二、火灾隐患的特征

1. 隐蔽性

隐患是潜藏的祸患，它具有隐蔽、藏匿、潜伏的特点。

2. 危险性

隐患是事故的先兆，而事故则是隐患存在和发展的必然结果。一个未灭的烟蒂、一盏短路的台灯、一个违章行为、一个小小的疏忽，都有可能引起火灾。

3. 突发性

任何事物都存在量变到质变、渐变到突变的过程。火灾隐患也不例外，它也会积小变而为大变，积小患而为大患。

4. 随意性

隐患的随意性绝大多数是由人的主观意志所决定的，而这种隐患的产生也绝大多数会在短时间内造成祸害。

5. 重复性

火灾事故发生后，如果没有消除火灾隐患，火灾事故还会重复发生。

6. 季节性

有相当部分的隐患带着明显的季节性特点，它随着季节的变化而变化。

7. 因果性

隐患是因，火灾是果，隐患是火灾的前兆。

8. 时效性

需要在火灾发生之前及时发现和消除火灾隐患。

第二章　家庭火灾隐患及预防

第一节　家庭防火之客厅

一、鱼缸

【火灾隐患点】

　　观赏鱼缸的装置一般包括加热棒、氧气泵、过滤器和照明灯等。其中，起加热、恒温作用的加热棒功率最大，长时间使用会有短路危险。照明灯也会发生此类情况。

【消防提示】

　　● 鱼缸要做好电路保护措施，尤其是一直要通电的过滤器。

　　● 在总线路上装漏电保护器。

　　● 插座周围不要放置易燃物品。

二、沙发

【火灾隐患点】

　　沙发无论是布艺的还是皮质的，大多数都具有易燃性。

　　沙发燃烧后会释放出一氧化碳、氯化氢之类的有毒气体。

　　另外，很多家庭的沙发后面一般都有墙面插座面板，平时拔下电源插头并不方便，因此，沙发极易因电气线路故障而被引燃。

【消防提示】

　　● 选购沙发时，要关注其面料及填充物，尽量选用不易被引燃的材质。

　　● 装修时做好设计，墙面插座面板不要放置于沙发之后。

　　● 电气设备充电时不要放在沙发上，避免热量积聚引起火灾。

　　● 在沙发上吸烟时应注意不要将烟灰掉落到沙发上。

三、电视机

【火灾隐患点】

　　电视机工作时，变压器、显像管、电子管、晶体管等部件都会放出大量的热。如果电视机所在的环境通风不良，或者用户收看电视节目时间过长、室内温度较高、散热不畅，则可能引起火灾。

看完电视后，如果没有拔下电视机电源插头，部分电视机的变压器会发热。时间一长，温度升高，也容易引起火灾。

夏季天热的时候，电视机的绝缘性能变差，这会导致各种元件温度过高，发生短路，引起火灾事故。

【消防提示】

- 电视机要摆放在通风良好的位置。
- 雷雨天气，尽量不要看电视。
- 电视机不用时，一定要记得切断电源。
- 一旦起火，应立即切断电源，隔绝电视机与其他可燃物品，使用灭火器或水等进行灭火。

四、空调

【火灾隐患点】

空调壁挂机的使用寿命一般在8年左右。如果使用5年以上，空调内机里面的线路有可能出现老化现象，绝缘层可能被破坏，产生漏电。在空调运转的情况下，会产生高温或引起火花，进而自燃。

空调长期运转可能导致内机电机温度过高，烧坏内机绝缘层，产生漏电，从而引发火患。

【消防提示】

● 空调不要靠近窗帘、门帘等悬挂物，以免卷入电机而使电机发热起火。

● 悬挂式空调正下方不要放置可燃物。

● 每台空调应当有单独的保险熔断器和电源插座。

● 家中突然停电时，应将空调电源插头拔下。通电后稍微待几分钟再接通电源，以防短路引发火灾。

五、洗衣机

【火灾隐患点】

放衣前，应检查衣服口袋，看是否有钥匙、小刀、硬币等物品，这些硬东西不要随衣服放进洗衣机内。

洗涤衣物的重量不超过洗衣机的额定容量。

【消防提示】

● 使用洗衣机前，应接好地线，预防漏电触电，保护人身安全。

● 严禁将刚使用汽油等易燃液体擦过的衣服放入洗衣机内洗涤。

● 接通洗衣机电源后，如果电机不转，应立即断电检查，排除故障后再用。

● 如果定时器、选择开关接触不良，应停止使用。

● 要经常检查洗衣机电源引线的绝缘层是否完好，如果已经磨破、老化或有裂纹，应及时更换。

六、电吹风

【火灾隐患点】

电吹风通电时间过长，里面的电热丝会不断地聚集能量，有可能引燃周围的易燃物品，从而引发火灾。

【消防提示】

● 不要将通电的电吹风放置在沙发、床垫等易燃物品上。
● 使用完或者停电时，一定要关掉电吹风的开关，并拔掉电源插头。
● 严禁在禁火场所，尤其是易燃易爆场所使用电吹风。

第二节　家庭防火之卧室

卧室是休息的地方，密闭效果好，可燃易燃物较多，空气中易有棉絮、浮绒等浮尘物质，它们遇到打火机或火柴等发出的明火能迅速燃烧蔓延而引发火灾。

一、烟蒂

切勿在床上吸烟。烟蒂在放入烟灰缸前必须完全掐灭。

二、电暖器

电暖器切勿靠近床、沙发和其他易燃物，更不要将衣物放在电暖器上烘干。

三、电热毯

不要揉搓、折叠电热毯，防止电热元件受损、短路引发火灾。电热毯出现故障时，不要继续使用，以免发生危险。

四、被褥

被褥的燃烧属于阴燃形式，火灾初始阶段不容易被人察觉，当被发现时，若室内温度很高，且已经接近轰燃的燃烧条件，火灾危害性会更大。

五、窗帘

窗帘应与照明灯具保持安全距离，并远离火源。

六、照明灯具

白炽灯、射灯等应远离可燃物，不要用报纸、衣物等可燃物包裹灯泡。台灯不可放在床头或蚊帐内使用，要放在桌上，并远离纸张、布等可燃物。

夜间睡前应检查所有电器插头是否拔掉，并将卧室的门关上，这样，即使睡着后发生火灾，也可阻止火势和烟气蔓延。

第三节　家庭防火之厨房

厨房是家庭中使用明火最多的地方，稍不注意就会引起火灾。

一、火灾隐患多

1. 燃料多

厨房是使用明火进行作业的场所。所用的燃料一般有液化石油气、煤气、天然气、碳、酒精等，若操作不当，很容易引起泄漏、燃烧、爆炸。

2. 油烟重

厨房环境比较潮湿，在这种条件下，燃料燃烧过程中产生的不均匀燃烧物及油烟很容易积累下来，形成一定厚度的可燃物油层和粉层附在墙壁烟道和抽油烟机的表面，若不及时清洗，就有引起火灾的可能。

3. 电气线路隐患大

厨房设备种类繁多，用火用电设备集中，使用不当，电气线路容易造成短路。

4. 用油不当会起火

加热油锅时火力不要过大，严防油温过高。往锅内倒油时要控制油量，如果操作不当，使热油溅出油锅，碰到火源就会引起油锅起火，如扑救不当就会引起火灾。

二、做到安全用气

1. 厨房门窗保持通风

厨房要保持通风，一旦室内有天然气或一氧化碳等有害气体，就能及时排出，从而消除爆炸中毒等危险。

2. 常检查、勤维护

经常检查天然气管道、煤气瓶管道阀门、炉灶、热水器连接软管等是否固定牢靠，有无漏气点，如发现问题及时进行修理。

● 通常漏气位置为容器的开关及输气皮管与其接头部位。

● 每三个月使用肥皂水检测一次接管部位，切忌使用火柴、打火机检查。

● 严禁在地下室存放和使用液化气。

● 煤气胶管使用 2 年后应进行更换。

3. 炉灶周围禁止堆放易燃物

厨房炉灶周围不要放塑料品、干柴、抹布等易燃可燃物品。

4. 人走火灭

● 使用燃气时，必须要有人照看。不使用燃气时，需及时关闭开关，以免漏气。

● 防止汤水沸溢将火熄灭，造成燃气泄漏。

● 教育孩子不要随意开关燃气用具。

安全用气不离人，保证通风常换气。
多一点燃气安全，少一点安全隐患。

三、做到厨房整洁

（1）定期清洗抽油烟机、排气扇的油垢，以免油污遇明火引起火灾。

（2）经常检查抽油烟机，当油杯所盛污油达六分满时应及时倒掉。

（3）厨房电器应放置在干燥的地方。若发现电器周边有水迹，要立即擦干。

（4）安全使用燃气。燃气管道、液化石油气瓶不要靠近明火、电源及热源。

四、做到安全用电

1. 电冰箱

● 保证电冰箱后部干燥通风，不要存放可燃物。

● 控制装备失灵时，要立即停机检查修理。

● 要防止温控电气开关进水受潮。

● 断电后，要静置一段时间再启动。

2. 微波炉

● 加热时不使用封闭容器。

● 带壳的鸡蛋、带密封包装的食品不能直接加热。

● 微波炉内应保持清洁，可在断开电源后，使用湿布擦拭。

● 不要用水冲洗微波炉内部，防止水流入炉内电路中。

3. 电饭锅

● 用电饭锅做汤时，要有人看管，一旦汤水沸出，要及时切断电源。

● 电热盘和内锅表面不可沾有饭粒等杂物。

● 避免碰撞内锅，内锅若变形严重，要立即更换。

● 不要用普通铝锅代替内锅。

● 电饭锅的外壳、电热盘和开关不要用水冲洗。

4. 电磁炉

● 做饭时，一定要将其放在平整的桌面上。

● 使用时，如发现炉内小风扇不转，要立即停用并及时检修。

● 要注意防水防潮，避免接触有害液体。

● 不要用金属刷、砂布等较硬的工具来擦拭炉面上的油迹污垢。

● 安装嵌入式电磁炉时，应保证炉体的进、排气孔处无任何物体阻挡。

安全用电须知

不要用湿手接触电器和电气装置。

灯头应使用螺口式，并加装安全罩。

电器长时间不使用时，应切断电源。

不得乱拉乱接电线，严禁用铜丝、铁丝等代替保险丝，不得随意增加保险丝的截面积。

安装火灾自动探测器。

第四节 家庭防火之化妆品

【火灾隐患点】

香水、指甲油、花露水、爽肤水、摩丝等化妆品遇到明火会发生燃烧，因为它们都含有乙醇。当乙醇达到一定浓度，遇到明火就容易被点燃。

【消防提示】

● 要在通风的环境使用，不要靠近明火。

● 夏天在燃着的蚊香、蜡烛附近，不要使用花露水和香水。

● 冬季使用香水不能靠近电暖器等取暖设备。

● 身上刚刚喷洒了香水、花露水时，不要使用打火机、划火柴、吸烟，因为这些火源容易引燃化妆品。

● 刚涂完指甲油不要进厨房做饭，也不要接触小太阳、电暖器等加热电器，更不能边抽烟边涂指甲油。

第五节　家庭防火之消毒产品

随着生活水平的不断提高，越来越多的人开始注重家庭卫生，定期进行消毒，但消毒产品的使用和储存不当也容易引发火灾。

一、酒精

【火灾隐患点】

乙醇，俗称酒精，在常温常压下是一种易燃易挥发的无色透明液体。酒精蒸汽与空气可以形成爆炸性混合物，遇明火、高热能引起爆炸燃烧。

酒精蒸汽比空气重，能在较低处扩散到较远的地方，遇火源会着火回燃。

在没有明火的前提下，酒精自燃温度在323℃，超此温度会自燃。

酒精在空气中有爆炸极限，如果超过，遇到火源会发生闪爆。

【消防提示】

1. 使用

● 在室内使用酒精时，需要保证良好通风。

● 使用布料醮取酒精擦拭物品后，应用大量清水清洗布料，放在通风处晾干。

● 使用前彻底清除使用地周边的易燃及可燃物。

● 使用时不要靠近热源、避开明火。

● 用酒精给电器表面消毒前，应先关闭电源，待电器冷却后再进行。

● 用酒精擦拭厨房灶台，要先关闭火源，以免酒精挥发导致爆燃。

2. 储存

● 要避光存放在阴凉处，不要放在阳台、灶台、暖气等热源环境中。

● 酒精应首选玻璃容器或专用的塑料包装储存，并必须密封，严禁使用无盖的容器。

● 每次取用后，要注意盖紧酒精容器盖子，避免挥发。

● 酒精应该放在小孩触摸不到的地方，避免误服。对于年纪稍大的孩子，家长可以给孩子讲解酒精的特性，教育孩子不要触碰酒精，更不能用火点燃。

3. 应急处置

⬤ 如果酒精遗撒，应及时擦拭处理。

⬤ 酒精意外引燃可使用干粉灭火器、二氧化碳灭火器等进行灭火。

⬤ 小面积着火也可用湿毛巾、湿衣物覆盖灭火。

⬤ 如在室外燃烧，可以使用沙土覆盖。

二、含氯消毒剂

【火灾隐患点】

含氯消毒剂指溶于水产生具有灭杀微生物活性的次氯酸的消毒剂，其灭杀微生物有效成分常以有效氯表示。这类消毒剂包括无机氯化合物（如84消毒液）、有机氯化合物（如氯铵T等）。

含氯消毒剂具有一定的氧化性、腐蚀性以及致敏性，过量或长期接触可能会致人体灼伤。

若与其他物质混用，有可能发生化学反应引起中毒。

【消防提示】

1. 做好防护

调配及使用时必须佩戴橡胶手套。

2. 正确使用

⬤ 严禁与其他消毒或清洁产品混合使用。

⬤ 严禁与酸性物质接触。

● 最好不要用于衣物的消毒。必须使用时浓度要低，浸泡的时间不要太长。

3. 安全存放

● 应储存于阴凉、通风处。

● 远离火种、热源，避免阳光直射。

● 放在小孩触摸不到的地方，避免误服。

4. 应急处置

● 皮肤沾染含氯消毒剂原液时，必须立即用大量流动清水冲洗。

● 眼部溅到含氯消毒剂时，要用清水或生理盐水连续冲洗，并迅速送医院治疗。

● 误服者可立即服用牛奶、蛋清等，以保护胃黏膜减轻损害，然后进行催吐，并马上送往医院进行救治。

三、过氧乙酸

【火灾隐患点】

过氧乙酸是一种强氧化剂，为无色液体，有强烈刺激性气味，具有酸性腐蚀性，必须稀释后使用。过氧乙酸可分解为乙酸、氧气，与还原剂、有机物等接触会发生剧烈反应，有燃烧爆炸的危险。

【消防提示】

1. 做好防护

● 应严格按照使用说明对过氧乙酸消毒液进行稀释。

● 稀释及使用时必须佩戴橡胶手套。

● 操作要轻拿轻放，避免剧烈摇晃。

● 防止溅到眼睛、皮肤、衣物上。

2. 正确使用

● 过氧乙酸消毒液具有一定的毒性，在室内喷洒消毒时浓度不宜过高，以免危害人体。

● 在进行室内熏蒸消毒时，人员应撤离现场，熏蒸结束室内通风 15 分钟后方可进入。

● 过氧乙酸对金属有腐蚀性，不能用于对金属物品的消毒。

3. 安全存放

● 过氧乙酸消毒液应储存于阴凉、通风处。

● 远离火种、热源，避免阳光直射。

● 放在小孩触摸不到的地方，避免误服。

4. 应急处置

● 若皮肤沾染过氧乙酸消毒液原液，必须立即用大量流动清水冲洗。

● 若眼部溅到过氧乙酸消毒液，要用清水或生理盐水连续冲洗，并迅速送医院治疗。

第三章　校园火灾隐患及预防

第一节　校园常见火灾隐患

一、明火引燃

● 在宿舍内焚烧杂物。

● 在宿舍内使用电磁炉、酒精炉等可能引起火灾的器具。

● 在床上点蜡烛、吸烟等。

二、乱拉乱接电线和保险丝

● 因电线短路或接触不良发热而引起火灾。

● 电路过载发生故障时，不能及时熔断而造成电线起火。

三、使用电器不当

● 电灯泡长时间靠近可燃物导致烘烤起火。

● 把手机放在床上充电。

● 在宿舍使用大功率电器，如电炉、电饭煲、电热杯、电热毯等，会使电线过载发热而起火。

第二节　图说校园火灾隐患及预防

火灾隐患

（1）教室门不畅通或只开一个门。

（2）使用大功率照明灯或电暖器且靠近易燃物。

（3）违反操作规程使用电子教具。

（4）电线线路老化或超负荷。

（5）不按照安全规定存放易燃易爆物品。

（6）吸烟乱丢烟头。

消防必知

线路老化要更新，增加负荷有保证，严禁吸烟丢烟头，易燃物品离灯远，操作规程不违反，大门畅通无阻碍，提高警惕防火灾。

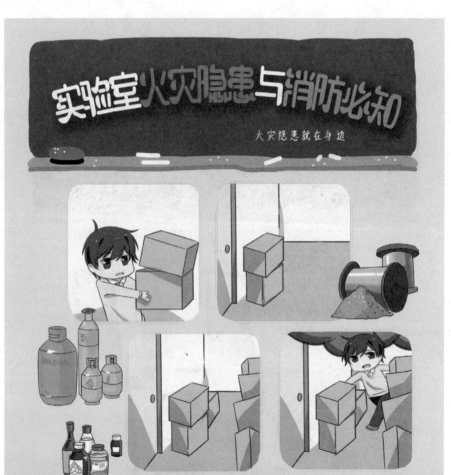

火灾隐患
（1）实验室易燃易爆物品保存不当或打碎洒落；（2）实验过程中违反操作规程；
（3）实验过程缺少专人指导；（4）实验项目缺少防火措施；（5）试剂混存。

消防必知
危险物品专人管，搬运使用要谨慎，试剂存放要分类，切莫搞混出危险，实验过程细心做，
防火措施要跟上。
严格遵守各项安全管理规定、安全操作规程和有关制度，长时间或不确定时间离开工作区域
时，应关闭用电设备，并完全切断电源。

宿舍火灾隐患与消防必知

火灾隐患就在身边

提示：
雷电天气时，应暂时关闭正在使用的电器，并拔掉电源插头。

火灾隐患
（1）私拉乱接电源；（2）躺在床上吸烟；（3）乱扔烟头；（4）在蚊帐内点燃蜡烛看书；（5）焚烧杂物；（6）存放易燃易爆物品；（7）使用电磁炉、热水壶等负荷过载的电热设备；（8）擅自使用酒精炉、液化天然气等可能引起火灾的器具；（9）台灯靠近枕头和被褥。

消防必知
在宿舍，同学们应自觉遵守规定，严禁吸烟，易燃易爆物品不进宿舍，做到不私拉、乱拉、乱接电线；接线板选用3C认证的，不使用大功率违章电器；室内无人时，应关掉电器的电源开关并拔下插头，不在宿舍内存放易燃易爆物品，不使用明火和焚烧物品，自制宿舍消防疏散图，发现火灾隐患及时消除。

火灾隐患

（1）电线、电器设施发生短路；

（2）火柴、打火机等意外点燃；

（3）乱丢烟头。

消防必知

消防制度要遵守，线路维护要经常，烟火报警要安装，火种不进图书馆，人人自觉守规章。

提示：
应保证疏散通道
安全出口畅通

礼堂内禁止吸烟！

火灾隐患
（1）电路、线路老化；（2）乱丢烟头；（3）大功率照明灯靠近幕布或易燃装饰物；
（4）有些活动使用的明火，如烛光晚会点燃的蜡烛等；（5）安全门、防火通道阻塞不通畅。

消防必知
礼堂明令禁吸烟，检查线路排隐情，装修设计须规范，烛光晚会慎举行，防火通道安全门，疏散
出口要通畅。

第四章　其他公共场所火灾隐患及预防

第一节　办公室火灾隐患及预防

一、火灾隐患有哪些

● 办公室电器多，插板多，尤其是大功率电器长时间运行，容易造成电器短路引起火灾。

● 纸张多，易燃物多，一旦引发火灾，蔓延迅速。

● 夜晚一般无人，如果下班前忘记关掉总电源，取暖设备、电器发生故障，短时间内无人发现，容易造成火势的自由蔓延。

二、火灾如何预防

1. 不超负荷用电

办公室里配备的电器比较多，如果在一个插板上连接多个电器，很可能造成插板用电超载发热起火。

2. 不能只使用同一个墙体插座

有时为了方便，人们习惯就近使用插座。但如果只使用同一个墙体插座，会加速墙体插座电线的老化，甚至因电流过载发生危险。

3. 下班前切断电源

下班前忘记关闭电脑和电器电源开关，未切断室内电源，容易引起火灾。

4. 不在办公区过道堆放杂物

堆放杂物不仅有碍出行，还会因为人们不经意间扔的烟头引发火灾，并且也不利于发生火灾时逃生。

5. 不在办公区吸烟

办公区纸张等易燃物品较多，容易被点燃。

第二节　商场、市场火灾隐患及预防

一、火灾隐患有哪些

● 面积大、跨度大，横向蔓延危险性大。

● 可燃物多，易形成立体火灾。

● 人员集中，疏散困难。

● 电气照明设备多，引发火灾的因素多。

二、火灾如何预防

● 严禁携带易燃易爆危险品进入公共场所。

● 严禁在有火灾、爆炸危险的场所吸烟、使用明火。

● 节日促销活动较多，搭设展台时严禁占用疏散通道、安全出口。

● 拉接电气线路应由专业电工实施，严禁违章使用大功率电器设备。

● 在节前和节日期间，商场、市场人员密集，必须加强防火巡查检查。

● 保证安全出口、疏散通道畅通。

● 聘请具有资质的消防技术服务机构对消防设施器材进行检测和维护保养，确保完好有效。

三、消防提示

● 进入商场先要注意观察安全出口的位置、疏散通道、安全门。

● 牢记箭头指示的疏散方向。

● 不要随意将未熄灭的烟头等带有火种的物品扔在垃圾桶、绿化带或过道上，容易成为危险源。

● 在节前和节日期间，不在商场附近燃放烟花爆竹，放飞孔明灯或点燃蜡烛。

第三节　酒店火灾隐患及预防

一、火灾隐患有哪些

● 在床上吸烟，特别是酒后在床上吸烟，乱丢烟头和火柴梗等引起火灾。

● 在酒店装修改造、维修设备时，违章动火引起火灾。

● 电气线路接触不良、电热器具使用不当、照明灯具温度过高、天气潮湿导致电气设备短路等，也是引发酒店火灾的主要原因。

二、消防提示

1. 熟悉安全出口位置

● 在酒店客房门的背后，一般都能找到安全疏散示意图，标明房间所在位置和安全出口位置。

● 红色箭头指明疏散方向。

● 入住后最好沿着路线走一遍。倘若遇到火灾事故，就能在最短的时间内到达安全出口。

2. 了解消防设施的位置

酒店内都配有灭火器、室内消防给水、自动灭火和报警设施以及逃生器材，入住后应了解其位置，做到心中有数。

3. 留意门上、墙下的绿色指示牌

绿色指示牌通常在门的上方或墙的下方，在火灾发生时，应按照绿色指示牌的引导，尽快找到安全出口。

4. 不乱扔烟头、火柴梗，不躺在沙发上、床上吸烟

要严格遵守酒店规定，严禁将易燃易爆物品带入酒店。

在客房内严禁使用明火和大功率电器设备，离开房间时一定要切断电源。

安全出口

← 安全出口

[疏散逃生篇]

第一章　消防安全标志

一、消防安全标志的定义

消防安全标志是由安全色、边框以及图像为主要特征的图形符号或文字构成的标志，用以表达与消防有关的安全信息。

红色：表示禁止、停止、危险或提示消防防备、设施的信息。

蓝色：表示必须遵守的规定、指令。

黄色：表示注意、警告。

绿色：表示安全等提示性信息。

二、主要的消防安全标志

1. 消防设备、设施标志

指示消防设备、设施的位置。

2. 紧急疏散逃生标志

指示安全出口、疏散通道的位置。

3. 消防禁止标志

表示当前位置禁止的行为，若违反容易发生事故。

背景是白色，环形边框和斜杠为红色，图形符号为黑色。

禁止堵塞

禁止吸烟

禁止烟火

禁止放易燃物

禁止燃放鞭炮

禁止用水灭火

4. 消防安全标志的位置

消防安全标志应设置在与消防安全有关的醒目位置，标志的正面或邻近不得有妨碍公共视读的障碍物。

除必须外，标志一般不应设置在门、窗、架等可移动的物件上，也不应设置在经常被其他物体遮挡的地方。

第二章　学会报火警与求援

第一节　了解火警电话119

"119"是我国的消防报警专用电话，当遭遇火灾时，拨打此电话，消防队会及时出警赶到现场保护人民的生命财产安全。拨打火警电话和消防队出警灭火都是免费的。

拨打119电话报警时，要注意以下事项：

（1）沉着冷静，不慌张，有条理。讲清起火的具体地点，包括区县、街道名称、建筑名称、门牌号码、附近标志性建筑等。

（2）讲明是什么物质引发的火灾（如液化气罐、电器、卧室床铺等），火势如何（如火焰大小、有无冒烟），有无人员被困和伤亡，有无爆炸和毒气泄漏等情况。

（3）报警人要讲清自己的姓名、电话号码，以便消防部门随时了解火场情况。打完电话后，要立即到交叉路口等候消防车的到来，以便引导消防车迅速赶到火灾现场。

（4）如果着火地点发生了新的变化，要及时报告消防部门。

（5）谎报火警是违法行为。

第二节　受困火场时求援报警

发生火灾时，特别是被困在某处不能拨打电话时，一定要想办法引起他人的注意。常用求救方法有以下几条：

（1）大声呼叫，向邻居或者路过的行人求救；

（2）用力敲击金属物品（如锅、碗、铁桶等）求救；

（3）用色彩鲜明的衣物向窗外晃动，发出求救信号；

（4）晚上可以采用挥动手电筒等方式发出求救信号。

认识"96119"

"96119"是由消防部门安排专人值守的火灾隐患举报电话，发现以下行为，可拨打该电话举报投诉。

（1）公众聚集场所未经公安机关消防机构消防安全检查合格，擅自投入使用、营业的；

（2）火灾自动报警系统、自动灭火系统等消防设施严重损坏或者擅自拆除、停用的；

（3）占用、堵塞、封闭疏散通道、安全出口或者有其他妨碍安全疏散情形的；

（4）埋压、圈占、遮挡消火栓或者占用防火间距的；

（5）占用、堵塞、封闭消防通道，妨碍消防车通行的；

（6）人员密集场所在外墙、门窗上设置影响逃生和灭火救援障碍物的；

（7）生产、储存、经营易燃易爆危险品场所与居住场所设置在同一建筑物内的；

（8）其他可能严重威胁公共安全的火灾隐患。

火灾隐患举报投诉情况属实的，承办部门应当按照《中华人民共和国消防法》等规定进行处理。

第三章 消防车通道

第一节 认识消防车通道

一、消防车通道的定义

消防车通道是指火灾时供消防车通行的道路。即在发生火灾或者其他灾害事故时，消防车通行到达现场救援的通道。

二、消防车通道的作用

（1）消防车通道是保证逃生、救援的重要通道，素有"生命通道"之称，在各种险情中起到不可低估的作用。

（2）发生火灾时保障消防车顺利到达火场，消防员迅速开展灭火救援。

（3）最大限度地减少人员伤亡和财产损失。

第二节 消防车通道的标志

根据相关法律法规和标准规范规定，对单位或者住宅区内的消防车通道沿途实行标志和标线标识管理。

（1）在消防车通道路侧缘石立面和顶面，施划黄色禁止停车标线。

无缘石的道路，应在路面上施划禁止停车标线，标线为黄色单实线，距路面边缘 30 厘米，线宽 15 厘米。

（2）消防车通道沿途每隔 20 米距离，在路面中央施划黄色方框线，在方框内沿行车方向标注"消防车道　禁止占用"的警示字样，如下图所示。

消防车通道路侧禁停标线及路面警示标志示例

（3）在单位或住宅区的消防车通道出入口路面，按照消防车通道净宽施划禁停标线，标线为黄色网状实线，外边框线宽 20 厘米，内部网格线宽 10 厘米，内部网格线与外边框夹角 45 度，标线中央位置沿行车方向标注内容为"消防车道　禁止占用"的警示字样。

消防车通道出入口禁停标线及路面警示标志示例

（4）在消防车通道两侧设置醒目的警示牌，提示禁止占用消防车通道，违者将承担相应法律责任等内容。

消防车通道禁止占用警示牌示例

第三节 消防车通道的管理

占用、堵塞、封闭消防车通道，妨碍消防车通行的行为，会受到强制处罚。

（1）对单位，责令改正，处 5000 元以上 50000 元以下罚款。

（2）对个人，处警告或者 500 元以下罚款处罚。

（3）经责令改正拒不改正的，可以采取强制拆除、清除、拖离等代履行措施强制执行，所需费用由违法行为人承担。

（4）消防救援机构在执行灭火救援任务时，有权强制清理占用消防车通道的障碍物。

（5）对阻碍执行紧急任务的消防车通行的，由公安机关依照《中华人民共和国治安管理处罚法》第五十条的规定，给予罚款或者行政拘留处罚。

（6）违法行为将纳入信用体系。

多次违法停车造成严重影响的单位和个人，将纳入消防安全严重失信行为，还会记入企业信用档案和个人诚信记录，推送至全国信用信息共享平台，实施联合惩戒措施。

第四章　家中逃生的办法

近年来，住宅火灾多发。住宅发生火灾时如何疏散逃生和避险，值得关注。

一、疏散逃生的安全预防工作

（1）不在楼道和门厅里堆放杂物、停放电动车（电动车停放区最好独立设置，做好电动车维修保养，切勿超时充电和过度充电），切勿占用逃生通道。

（2）窗口、阳台上如果安装防盗窗，窗上要有逃生出口。

（3）家住顶层和离顶层较近的居民，平时要确定通往屋顶平台的门是否上锁。如果上锁，发生火灾时就不能往屋顶平台逃生。

（4）高层住宅的居民要确保防火门保持关闭。

（5）超高层住宅的居民应该知道一旦发生火灾，自己可以在哪个避难层避险，并实地考察该避难层。

二、制订家庭火灾疏散逃生计划

火灾发生时，人们往往被巨大的恐慌控制，因此，制订一份火灾逃生计划非常重要。

第一步：画一幅住宅平面图，准备足够的过滤式消防自救呼吸器。

第二步：标出所有可能的逃生出口，同时标注房屋附近的疏散楼梯。

第三步：尽量为每个房间画出两条逃生路线。

第四步：指定专人负责帮助小朋友、老年人、残疾人逃生。

第五步：在户外确定一个会合点。若发生火灾，住宅内所有成员逃出后直接到会合地点集中。

第六步：按照火灾逃生计划进行演练。

三、家庭火灾逃生要领

（1）遇到火情时要镇静，切勿慌张，查看具体起火地点并拨打119。

（2）看火势大小，如初期火情自己有能力扑救，则应立即灭火。

（3）如果火势较大，就要考虑从安全通道、楼梯撤离，切勿乘坐电梯。

安全出口在这边！

（4）在了解环境的情况下，可利用阳台之间的空隙、缓降器或自救绳等逃到没有起火的楼层或地面上，但不要盲目跳楼。

（5）逃生时，先摸摸门把手，如果不热，说明可以外出。

（6）超高层建筑着火时，可进入避难层等待消防员解救。

（7）穿越烟雾区时，戴好过滤式消防自救呼吸器。

（8）无法用上述方法疏散时，应紧闭房门减少烟气进入，可用水浇湿房门，并用湿毛巾堵塞缝隙，在窗下或阳台避烟。

（9）走廊、楼梯被烟火封锁时，被困人员要尽量靠近沿街窗口或阳台等容易被人发现的位置。

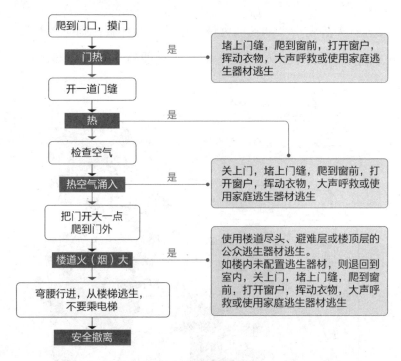

家庭火灾逃生示意图

四、家中常备消防器材

（1）独立式火灾报警器。

（2）灭火毯。

油锅起火时可用灭火毯覆盖，使其与空气隔离；大火发生时，可将灭火毯披在身上穿越火场，避免烧伤。

（3）灭火器。

（4）缓降器。

发生火灾时，低楼层的住户可以使用缓降器，沿着绳子从窗口外下降至安全地带，绳子的长度以能到达地面为好。

（5）过滤式消防面具。

在火场中佩戴过滤式消防面具可过滤有毒气体，防止烟气入侵。

（6）强光手电筒。

可在夜间发生火灾时照亮较长的可视距离，还可用于呼救，引起注意。

（7）其他：湿毛巾、手电筒、矿泉水。

第五章　校园逃生的办法

逃生自救办法

（1）教室一旦失火，火势尚小时，可立即用灭火器灭火自救，或用衣物将火压灭。

（2）火势若变大，应立即跑到室外，如教室里已充斥大量烟气，撤离时可用手绢、衣袖等捂住口鼻，并弯腰低姿势快进，防止烟气吸入。

（3）一层教室失火，烟火封住门时，可从窗口跳出去。二、三层教室失火，烟火封住门时，可将窗帘、衣物等拧成长条，制成安全绳，一头拴在暖气管上或桌椅腿上，两手抓住安全绳，从窗口缓缓下滑。三层以上严禁采用上述办法。

（4）别的教室失火，当火势尚未蔓延到楼道时，应立即离开教室，通过安全通道疏散。

（5）烟火封住下撤楼道、大门时，可迅速撤往楼顶平台，等待救援。

（6）身上着火时不要惊慌奔跑，可就地打滚，压灭火焰，也可脱下着火衣裤，用脚踩灭。

逃生自救办法
（1）针对实验项目使用的易燃易爆实验试剂，应准备相应的防火设施，发生火灾时迅速将火扑灭。
（2）迅速把易燃易爆物品转移到安全区域。
（3）迅速将火场人员疏散到室外。
（4）实验室的试剂遇火可能产生有毒气体，应用湿毛巾捂住口鼻撤离，避免中毒。

逃生自救办法

（1）火势初起时，立即用自来水、湿毛巾或就近消防器材灭火自救，如火势已大，要立即撤离火场。

（2）迅速拨打火警电话119。

（3）若楼内充斥大量烟气时，撤离时可用湿毛巾捂住口鼻，并弯腰低姿快行。

（4）一层宿舍失火，烟火封住出口时，可从窗口逃生，二、三层宿舍失火，烟火封住门时，可用网线、床单、被套、窗帘等制成可靠安全绳，从窗口缓缓下滑逃生。三层以上严禁采用上述办法。

（5）别的宿室失火，当火势尚未蔓延至楼道时，应立即离开宿舍，通过安全通道疏散，从高层宿舍逃生时，不要乘坐电梯。

（6）当烟火封住下撤往楼道、大门时，可撤往楼顶平台，等待救援。

（7）当烟火封住宿舍门时，应将宿舍门紧闭，将衣服、被褥浸湿堵塞门缝，防止烟气侵入，等待救援。

食堂失火的逃生与自救

提示：
如遇浓烟大火
要小心有毒气体
捂紧口鼻逃生

逃生自救办法

（1）用灭火器、消火栓灭火，迅速疏散用餐人员，同时拨打火警电话119。

（2）如火势过大，难以控制，要以保护人员生命安全为重，迅速将火场人员转移疏散。

（3）发生火灾应立即切断电源，关闭燃气总开关，将易燃易爆物品转移到安全区域。

（4）一层食堂失火，烟火封住出口时，可从窗口跳出去，二、三层食堂失火，烟火封住门时，可用窗帘等牢固织物制成安全绳，从窗口缓缓下滑。

（5）人员疏散要紧张有序，不可蜂拥而出，堵塞通道和大门，造成拥挤践踏、人员伤亡。

图书馆失火的逃生与自救

四楼

制成简易绳索

逃生自救办法

（1）火势初起时，立即用灭火器灭火，同时拨打火警电话119。

（2）迅速关闭图书馆书库与阅览室之间的安全防火门，防止火势蔓延。

（3）疏散撤离阅览室内人员。

（4）沿着消防通道和疏散方向的指示标记，撤到安全区域。

（5）烟气较大时，用手绢、衣袖等捂住口鼻。

第六章　其他公共场所逃生的办法

公共场所人多，一旦发生火灾，逃生较困难。因此应该了解必要的公共场所疏散逃生方法。

一、一般疏散逃生方法

（1）进入公共场所，首先要了解安全出口在哪里，以便发生火灾时，能找到距离自己最近的安全出口，迅速撤离火场。

（2）如果离安全出口较远，应按疏散指示标志指示的方向找到安全出口撤离。

（3）如果现场有浓烟，应视烟气的位置采取低姿行走或匍匐行进的方式撤离。

（4）不能乘坐电梯或者自动扶梯，应从疏散楼梯逃生。

（5）公共场所实施统一疏散时，要听从有关人员的指挥，有序撤离。

（6）逃生时要照顾好同行人员，互相帮助，有序地迅速疏散。

二、宾馆疏散逃生须知

入住宾馆时，除了要掌握公共场所的一般疏散逃生方法外，还要做到以下几点：

（1）入住后，按客房内张贴的疏散逃生路线做一次实地考察。

（2）如果房间里有消防过滤式自救呼吸器，要仔细阅读使用说

71

明书。

（3）夜里听到火灾报警器报警时，要及时起床逃生。

（4）宾馆里如果配备有缓降器等逃生器材，要仔细阅读使用说明，以便发生火灾时能正确使用。

三、影剧院疏散逃生须知

（1）熟悉消防疏散通道、应急照明设备和疏散标志。

（2）当舞台发生火灾时，应避开火势蔓延方向，从靠近放映厅的一端有序迅速逃生。

（3）当观众厅发生火灾时，应迅速从舞台、放映厅及观众厅四面的多个出口逃生。

（4）当放映厅发生火灾时，应迅速利用舞台和观众厅的各个出口迅速疏散。

（5）若观众厅的观众席为上下两层，楼上的观众应迅速经楼梯从安全出口有序撤出。

（6）疏散时要尽量靠近承重墙或承重构件部位行走，以防被坠物砸伤。

四、商场、市场逃生须知

（1）一定要冷静下来，观察起火点的位置，不盲从。

（2）如果火势凶猛，要听从安保人员指挥，沿消防安全标志指示的方向迅速撤离。

（3）注意风向。在火势蔓延之前，朝逆风方向快速离开火灾区域。

（4）当发生火灾的楼层在自己所处楼层之上时，应迅速向楼下跑。

（5）注意遮挡。撤离时利用随身物品捂住口鼻。通过浓烟区时，要尽可能以最低姿势或匍匐姿势快速前进。

（6）暂时避难。在无路可逃的情况下，应积极寻找暂时的避难处所。

● 如果在综合性多功能的大型建筑物内，可利用设在电梯、走廊末端以及卫生间附近的避难间，躲避烟火的危害。

● 若暂时被困在房间里，要主动与外界联系，以便尽早获救。

（7）靠墙躲避。消防员进入着火的房屋救援时，都是沿墙壁摸索进行的，所以当因烟气而窒息失去自救能力时，应努力靠近墙边或者门口。

火场逃生通用口诀

熟悉环境，暗记出口。

通道出口，畅通无阻。

扑灭小火，惠及他人。

明辨方向，迅速撤离。

不入险地，不贪财物。

简易防护，蒙鼻匍匐。

善用通道，莫入电梯。

缓降逃生，滑绳自救。

避难场所，固守待援。

缓晃轻抛，寻求援助。

火已及身，切勿惊跑。

火场逃生救命"三字诀"

低姿行，防高温

摸壁板，慎判断

沿墙走，迷避免

口鼻掩，防浓烟

身体弯，保平安

探步走，避坍塌

注意穿，易脱险

标志看，朝疏散

出口观，待救援

财不恋，命值钱

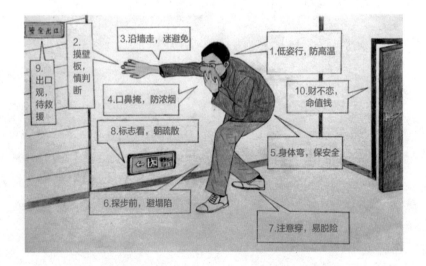

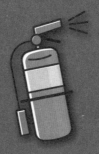

火灾扑救与火场急救篇

第一章　初起火灾扑救

火灾初起阶段，燃烧面积小，火势弱，如能采取正确的扑救方法，即可在大火发生之前将火迅速扑灭，避免不必要的伤亡和损失。

第一节　初起火灾扑救原则与方法

一、初起火灾扑救原则

1. 先控制，后灭火

对于不能立即扑灭的火灾，首先要防止火势扩大，然后在此基础上扑灭。例如，燃气管道着火后，要迅速关闭阀门，断绝气源堵塞漏洞，防止气体扩散。

防止火势扩大与灭火是紧密相连的，几乎同时进行。

2. 救人第一，灭火第二

当着火现场有人时，首先要疏散逃生。实际操作中，根据人员和火势情况，救人和救火同时进行。

3. 先重点，后一般

在扑救初起火灾时，要注意区分重点和一般，主要包括人重于物，火场下风向重于火场上风向，要害部位重于非要害部位。

4. 快速准确扑灭

火灾初起时，越迅速、准确地靠近火点及早灭火，越有利于控制火势，消灭火灾。

二、初起火灾常见的灭火方法

1. 冷却灭火法

将灭火剂直接喷射到燃烧的物体上，将温度降低到燃点之下，使燃烧停止。

2. 隔离灭火法

拆除与火场相连的可燃、易燃物，或用水流形成防止火势蔓延的隔离带，将燃烧物和周围未燃烧的可燃物隔离开。

3. 窒息灭火法

将灭火毯、湿棉被等覆盖在燃烧物表面，使燃烧物得不到足够的氧气而熄灭。

4. 化学抑制灭火法

直接往火上喷射干粉等灭火剂，覆盖火焰，中断燃烧链式反应。

第二节　扑救初起火灾的常用器材

一、灭火器

1. 使用方法

常见的手提式灭火器包括 ABC 干粉灭火器、水基型灭火器等，其使用方法基本相同：

提起灭火器 ➡ 拔下保险销 ➡ 握紧喷管 ➡ 压下压把

口诀：提、拔、握、压。

2. 使用注意事项

（1）背对出口。

为了自身的安全，灭火时应背对着逃生出口，一旦初期灭火失败，可从出口迅速撤离火场。

（2）对准火源。

使用灭火器时，不要被向上升腾的火焰和烟气所迷惑，喷射时，要将喷嘴对准火焰根部左右摆动，由远及近，直至扑灭。

（3）顺风灭火。

救火时要站在上风口处，顺风灭火，防止风吹火焰引燃自身。

（4）灭后浇水。

火扑灭后要再浇些水，使之彻底熄灭，防止"死灰复燃"。

二、灭火毯

火灾初起时，将灭火毯直接覆盖在火源或着火的物体上，可以阻隔空气，在短时间内迅速扑灭火焰。

在着火现场，将灭火毯披在身上能够抵挡烟火，起到隔离作用，帮助逃离火场。

三、其他物品

1. 湿布

如果家中燃气罐起火，初期火势不是很大，这时可用湿毛巾、湿围裙、湿抹布等直接将火焰盖住，然后关闭燃气瓶的角阀。

燃气罐着火，要用浸湿的被褥、衣物等捂盖灭火，并迅速关闭阀门。

2.锅盖

当锅里的食用油因温度过高着火时，千万不要惊慌，更不能用水浇。应先关掉燃气阀门，然后迅速盖上锅盖。

3.食盐

盐是厨房火灾和固体阴燃的灭火剂，食盐在高温下吸热快，能破坏火苗的形态，同时发生吸热反应，稀释燃烧区的氧气浓度，从而使火很快熄灭。

4.沙土

户外使用电器设备发生火灾时，在用水灭火危险性较大的情况下，可用铁锹铲沙土覆盖电器设备，使火熄灭。

第二章　常见火灾的扑救方法

第一节　厨房火灾

一、燃气瓶起火时的扑救方法

（1）切断气源。

（2）关闭角阀，火焰很快就会熄灭。

（3）火焰小时，可以手拿湿毛巾，一举完成关阀和灭火。

（4）如果阀口火焰较大，可用湿毛巾抽打火焰根部，或先用灭火器灭火，再关紧阀门。

二、油锅起火时的扑救办法

（1）先关火，再用锅盖盖住起火的油锅。盖锅盖时要沿锅沿往前平移。

（2）没锅盖时，可以用手边的大块湿抹布覆盖住起火的油锅，覆盖时要注意不能留下空隙。

（3）如果厨房里有切好的蔬菜，也可以将蔬菜沿着锅边倒入锅内。

（4）如果用灭火器灭火，要在离油锅2米外处喷射，以免使油飞溅。

（5）油锅起火时千万不要用水扑救，因为冷水遇到高温油时会形成"炸锅"，使油火到处飞溅。

第二节　电气火灾

一、什么是电气火灾

电气火灾一般指由于电气线路、用电设备、器具以及供配电设备出现故障性释放的热能，比如高温、电弧、电火花，以及非故障性释放的能量，比如电热器具的炽热表面在具备燃烧条件下引燃本体或其他可燃物而造成的火灾。

二、发生电气火灾的原因

（1）漏电。就是电气线路在某个地方，因为某种原因，使电线与电线之间、电线与大地之间有电流通过。

（2）短路。电线的绝缘层损坏后，里面的导体在某一点碰在一起，这时候的电流就不再按规定的线路流动，而是在相碰的地方"走近路"，导致短时间内放出大量的热，这就是短路。

（3）过负荷。电气设备的功率过大或导线中通过的电流超过了安全电流值，就叫电线超负荷，也叫过负荷。当严重过负荷时，导线的温度会不断升高，甚至造成导线的绝缘层发生燃烧，并引燃导线附近的可燃物。

（4）安装使用不当。安装人员接错线路，或私接乱拉，管理维护不当。

（5）产品质量问题。

三、如何预防电气火灾隐患

（1）防漏电。要安装漏电火灾报警系统，从而及时提醒更换电线和设备。

（2）防短路。经常检查电线的绝缘，定期更换电线，电线穿钢管保护，安装短路保护器，不用铝丝、铜丝和铁丝代替保险丝。

（3）防接触电阻过大。接头要规范牢固，比如采用压接、焊接的方式，使用铜接头。

（4）防过负荷。电气产品的设计、选型要注意配套，别在普通的、小容量的电线上同时接入很多大功率的用电设备。

（5）防安装使用不当。不要轻易使用大功率的灯泡，高温灯泡应与可燃物保持足够的距离；不要在有爆炸危险的区域内使用防爆电气；使用电热设备时，比如熨斗、电暖器、电褥子、电蚊香，要与可燃物保持距离，并做到人走电停。

（6）保证电气质量。购买正规合格的产品。

四、电器和电气线路起火时怎么办

电气设备发生火灾或引燃周围可燃物时，首先应设法切断电源，如果无法及时切断电源，需要带电灭火时，应注意以下几点：

（1）应选用不导电的灭火器材灭火，如干粉、二氧化碳灭火器，

不得使用泡沫或水基型灭火器。

（2）灭火时要保持足够的安全距离。

（3）扑救人员应戴绝缘手套。

（4）可用干燥的沙土盖住火焰，使火熄灭。

第三节　人身上着火时怎么办

身上着火时的 3 个自救步骤：

1. 站住

不要跑或挥动手臂，否则会煽起火焰，使烧伤更加严重。

2. 躺下

迅速躺在地上，用手捂住脸（防止面部烧伤）。平躺着，双腿伸直，让身体尽可能多地接触地面，以扑灭火焰。

3. 翻滚

一遍又一遍地翻滚，压灭火焰。把注意力集中在身体上正在燃烧的那个部位。

着火后翻滚自救

别人身上着火时，可以用毯子或者其他厚的、不易燃的材料（如麻袋、帆布等）裹住他灭火。也可以让他躺下翻滚，压灭火焰。

第三章　火灾现场急救常识

第一节　临时急救常识

当人在火场中被烧伤时，应先进行急救处理，这样既能大大减轻伤者的痛苦，又能为送往医院抢救提供有利条件。

1. 迅速采取急散热法

急散热法是医学上急救处理小面积表皮浅层烧伤既简单而又有效的措施，具体包括：

（1）立即让伤者离开热源，脱去着火的衣物。

（2）迅速用清洁的冷水冲洗被烧伤的部位。冲洗时间应持续20 — 30分钟，直至疼痛减轻或消失为止。

（3）胸、背部可用湿毛巾进行冷敷。

2. 保护创面，防止感染

（1）在烧伤创面水泡已破的情况下，不能采用急散热法，以免感染。应用干净的白纱布、手帕等棉纺织品进行包扎。

（2）创面上起水泡时，自己不要随便将水泡刺破或揭去浮皮。

（3）对于重度烧伤者，应在采取应急措施的同时，拨打120求救。

3. 防止昏迷，保持呼吸顺畅

（1）烧伤程度较严重时，伤者容易因剧烈疼痛而出现昏迷。应把伤者平放在床上，头部放低，脚部垫高，解开衣扣，给其嗅闻十滴水。

（2）伤者如果出现呕吐现象，应将其头部歪向一侧，以免呕吐物被吸入气管或肺泡内。

4.补充盐水，避免虚脱

（1）为防止烧伤较严重的伤者出现虚脱症状，可每隔15分钟左右给其喝半杯葡萄糖盐水或淡盐水。

（2）切忌给伤者喝大量的白开水或糖水，因为这样会加重伤者皮下组织水肿。

烧伤后为什么要用冷水冲洗？

人体烧伤后，皮肤损坏程度和病理变化与温度高低及高温作用时间的长短有关。用冷水冲洗伤创面可以降低皮下组织的温度，限制毛细血管扩张，将烧伤部位的皮下组织的损伤程度控制在最小范围。因此，烧伤后用冷水冲洗的时间越早，治疗效果越好。

第二节 火场中常见外伤的处理方法

火场中的常见外伤主要有小面积擦伤、裂伤、砸伤、刺伤等，这里对伤口较小或不严重的外伤给出处理建议。如果面积较大，出血过多或者受伤部位较为敏感，则建议及早到医院外科门诊治疗。

1.擦伤

（1）擦伤只是表皮受伤，伤势一般比较轻微。

（2）对于创面干净、很浅、面积较小的伤口，可用碘伏、酒精涂抹伤口及周围皮肤，然后涂上抗菌软膏，或暴露，或用干净的消毒纱布包扎好。

（3）如果擦伤面积大、伤口上沾有污物，则必须用生理盐水冲洗伤口。如果没有生理盐水，可用清水将伤口冲洗干净，再用碘伏涂抹伤口及周围皮肤，最后涂上抗菌软膏。

（4）如果受伤部位肿胀明显、渗血较多，应及早到医院外科门诊治疗。

2. 裂伤

（1）如果无明显出血，伤口干净，可以外涂碘伏，然后用消毒纱布包扎，或贴上创可贴。

（2）对于有明显出血症状的裂伤，或是脸上的伤口，按上述方法初步处理后应尽快就医。

3. 砸伤

（1）如果伤者被重物砸伤或挤伤后，仅仅出现轻度的红肿疼痛，则可不需处理。

（2）如果皮肤出现轻度破损，可按擦伤进行处理。

（3）如果皮肤出现瘀紫、破裂甚至剧烈疼痛，建议尽快就医。

4. 刺伤

（1）对于刺伤，首先应判断皮肤中是否残留异物。

（2）细长的玻璃片、针、钉子、木屑等刺入皮肤后留下的伤口一般较小但较深。此类刺伤有感染破伤风的风险，应尽早到医院外科处理。

（3）去医院前应自行进行简单处理。如果伤口没有异物残留，可以先挤压伤口，待伤口流出一些血液后，再用过氧化氢、生理盐水冲洗，最后外涂碘伏；如果伤口有残留的异物，可以先用消过毒的镊子将其取出，再按上述方法处理。